RUPESH KUMAR TIPU
VANDNA BATRA
SUMAN PUNIA

IA prática em Python: dos princípios básicos às técnicas avançadas de PNL

RUPESH KUMAR TIPU
VANDNA BATRA
SUMAN PUNIA

IA prática em Python: dos princípios básicos às técnicas avançadas de PNL

ScienciaScripts

Imprint

Any brand names and product names mentioned in this book are subject to trademark, brand or patent protection and are trademarks or registered trademarks of their respective holders. The use of brand names, product names, common names, trade names, product descriptions etc. even without a particular marking in this work is in no way to be construed to mean that such names may be regarded as unrestricted in respect of trademark and brand protection legislation and could thus be used by anyone.

Cover image: www.ingimage.com

This book is a translation from the original published under ISBN 978-620-7-47468-4.

Publisher:
Sciencia Scripts
is a trademark of
Dodo Books Indian Ocean Ltd. and OmniScriptum S.R.L publishing group

120 High Road, East Finchley, London, N2 9ED, United Kingdom
Str. Armeneasca 28/1, office 1, Chisinau MD-2012, Republic of Moldova, Europe
Printed at: see last page
ISBN: 978-620-7-77756-3

IA prática em Python: dos princípios básicos às técnicas avançadas de PNL

A

Livro

Por

Rupesh Kumar Tipu

Vandna Batra &

Suman

Escola de Engenharia e Tecnologia

K. R. Mangalam University

Gurugram, Haryana, Índia

Conteúdo

PREFÁCIO

Bem-vindo ao mundo perspicaz da Inteligência Artificial (IA) e do Processamento de Linguagem Natural (PNL) - campos que estão a remodelar a fronteira da tecnologia e a oferecer soluções inovadoras em vários sectores. Este livro foi concebido para servir como um guia completo, ligando conceitos teóricos a aplicações práticas e fornecendo um caminho claro desde o conhecimento fundamental até às técnicas avançadas em IA e PNL.

A nossa viagem através deste livro é sustentada por uma rica tapeçaria de investigação, trabalhos seminais e estudos contemporâneos que, coletivamente, moldaram a compreensão e a implementação da IA e da PNL. Os princípios fundamentais da IA são expostos de forma eloquente no trabalho seminal de Russell e Norvig (2020), cuja extensa cobertura em "Artificial Intelligence: A Modern Approach" ofcrece uma panorâmica indispensável deste domínio. O intrincado mundo da aprendizagem profunda é desmistificado com os conhecimentos de Goodfellow et al. (2016), que apresentam as principais metodologias e ideias transformadoras que impulsionaram as capacidades das redes neuronais para novos patamares.

O domínio da PNL, uma componente fundamental da IA, é explorado com clareza e profundidade, com base nos textos abrangentes de Jurafsky & Martin (2022) e Manning & Schütze (1999), que, em conjunto, fornecem uma compreensão completa desde as técnicas históricas de processamento linguístico até às abordagens algorítmicas modernas. Estes textos lançam as bases para a compreensão dos modelos e algoritmos sofisticados que o nosso livro aprofunda.

Nossa exploração de aplicações práticas de PNL é enriquecida por recursos contemporâneos como a biblioteca Hugging Face Transformers, uma ferramenta inestimável para implementar modelos de linguagem de última geração, conforme discutido no trabalho transformador de Vaswani et al. (2017). A orientação prática oferecida por Lantz (2021) e Bengfort, Bilbro, & Ojeda (2018) tem sido fundamental para ilustrar como aplicar Python para aprendizagem automática e análise de texto, garantindo que os leitores possam efetivamente traduzir a teoria em prática.

Além disso, o livro baseia-se na investigação perspicaz de Mikolov et al. (2013) e Pennington, Socher, & Manning (2014) sobre word embeddings, fornecendo uma compreensão matizada de como as palavras podem ser representadas de forma a captar os seus significados e relações semânticas. Os avanços nas arquitecturas de redes neuronais, em particular o trabalho de LeCun, Bengio, & Hinton (2015), oferecem um mergulho profundo nas inovações que definiram o panorama da aprendizagem profunda.

Também reconhecemos as implicações mais amplas e as direcções futuras da IA e da PNL, inspiradas por discussões estimulantes em trabalhos de Bostrom (2016) e Domingos (2018), que ponderam os caminhos, os perigos e o potencial transformador da IA. Os contributos de Brown et al. (2020) para a demonstração das capacidades de aprendizagem de modelos linguísticos de grande escala em poucos instantes constituem um marco significativo neste domínio, salientando a natureza evolutiva da inteligência artificial.

À medida que percorremos os capítulos, cada tópico é cuidadosamente contextualizado no ecossistema mais vasto da IA e da PNL, assegurando uma narrativa coesa que não só educa como também inspira. Os aspectos práticos são ainda mais esclarecidos através de aplicações e estudos de caso do mundo real, recorrendo ao rico repositório de conhecimentos e ao panorama em constante evolução destes campos dinâmicos.

Este livro é um testemunho da sabedoria colectiva e da investigação em curso em IA e PNL. Foi concebido não só como um livro de texto, mas também como um farol para entusiastas, profissionais e académicos que desejam explorar as infinitas possibilidades que estas tecnologias anunciam. Ao embarcarmos nesta viagem intelectual, convidamo-lo a envolver-se profundamente com o conteúdo, a refletir sobre as implicações destas tecnologias e a contribuir para o diálogo contínuo que molda o nosso futuro.

Vamos começar esta emocionante viagem juntos, munidos de conhecimentos, inspirados por possibilidades e empenhados em fazer avançar a fronteira da IA e da PNL.

## CHAPTER 1

Introdução à IA em Python

Este capítulo serve de porta de entrada para a sua viagem na IA em Python, estabelecendo os conhecimentos fundamentais necessários para navegar no excitante mundo da Inteligência Artificial (IA) utilizando Python. Ele é estruturado para fornecer uma introdução abrangente, garantindo uma transição suave dos conceitos gerais para as especificidades da aplicação do Python na IA.

1.1 Visão geral da Inteligência Artificial com Python

Nesta secção, o livro introduz o conceito de Inteligência Artificial, realçando o seu significado e impacto em várias indústrias. Explora a evolução da IA, destacando os principais marcos e a forma como se tornou parte integrante da tecnologia moderna. A discussão estende-se ao papel do Python na IA, ilustrando porque é que o Python é a linguagem preferida para o desenvolvimento de IA, considerando a sua simplicidade, versatilidade e o amplo apoio fornecido pela sua comunidade.

Os principais tópicos incluem:

- **Definição e âmbito da IA**: Clarificar a IA, o seu âmbito e o seu significado na resolução de problemas complexos.

- **História e evolução da IA**: Uma breve viagem através dos marcos do desenvolvimento da IA e da sua crescente importância na tecnologia.

- **O papel do Python na IA**: Discutir porque é que o Python é uma linguagem favorita para a IA, incluindo a sua facilidade de aprendizagem, legibilidade e um ecossistema rico de bibliotecas e estruturas.

1.2 Configurar o ambiente Python para IA

A configuração do ambiente Python é crucial para uma experiência de desenvolvimento de IA sem falhas. Esta secção fornece um guia passo-a-passo para instalar o Python e configurar um ambiente de desenvolvimento adaptado a projectos de IA. Abrange diferentes ambientes e ferramentas que aumentam a produtividade e facilitam o desenvolvimento de aplicações de IA robustas.

Os principais tópicos incluem:

- **Instalar o Python**: Instruções sobre como descarregar e instalar Python, com dicas sobre como selecionar a versão correcta.

- **Ambientes virtuais**: A importância dos ambientes virtuais em Python e como criá-los para projectos de IA, assegurando que as dependências são geridas de forma eficaz.

- **Ferramentas essenciais e IDEs**: Visão geral dos ambientes de desenvolvimento integrado (IDEs) e ferramentas que são benéficas para o desenvolvimento de IA, como Jupyter Notebooks, PyCharm e Visual Studio Code.

1.3 Bibliotecas Python essenciais para o desenvolvimento de IA

A força do Python na IA advém do seu extenso conjunto de bibliotecas que simplificam a implementação de algoritmos complexos e fornecem ferramentas para análise de dados, visualização e aprendizagem automática. Esta secção apresenta as bibliotecas Python mais importantes para a IA (ver **Figura 1 - 1**), explicando as suas finalidades, características e o modo como contribuem para o processo de desenvolvimento da IA.

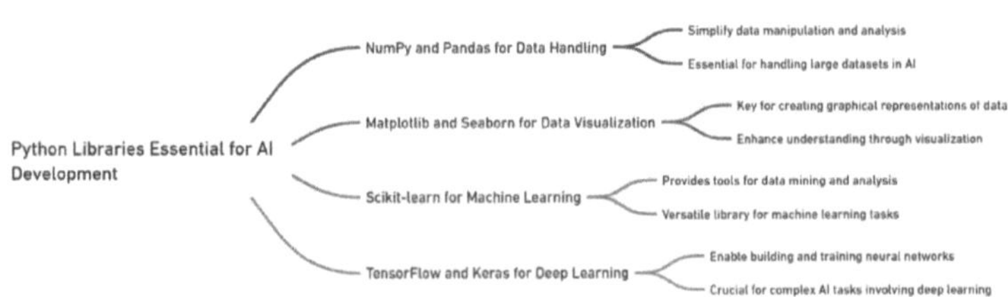

Figura 1 - 1 . As bibliotecas Python essenciais para o desenvolvimento de IA

Os principais tópicos incluem:

- **NumPy e Pandas para manipulação de dados**: Compreender como o NumPy e o Pandas simplificam a manipulação e a análise de dados, o que é fundamental na IA para lidar com grandes conjuntos de dados.

- **Matplotlib e Seaborn para visualização de dados**: O papel da visualização na IA e como essas bibliotecas ajudam na criação de representações gráficas perspicazes de dados.

- **Scikit-learn para aprendizagem automática**: Uma introdução ao Scikit-learn, uma biblioteca para aprendizagem automática que fornece ferramentas versáteis para extração e análise de dados.

- **TensorFlow e Keras para aprendizagem profunda**: Mergulhar na aprendizagem profunda com TensorFlow e Keras, explicando como estas bibliotecas permitem a construção e o treino de redes neuronais para tarefas complexas de IA.

Cada subsecção foi concebida para o equipar com os conhecimentos e ferramentas necessários para iniciar a sua exploração em IA com Python. Através de exemplos práticos e explicações detalhadas, este capítulo garante uma base sólida, preparando o terreno para tópicos mais avançados nos capítulos subsequentes.

2.1 Noções básicas de aprendizagem automática em Python

A aprendizagem automática é um componente essencial da inteligência artificial moderna, oferecendo uma estrutura para os computadores aprenderem com os dados e tomarem decisões. Python, com a sua simplicidade e ecossistema robusto, surge como uma linguagem líder neste domínio, proporcionando um terreno fértil para o desenvolvimento de aplicações de aprendizagem automática.

No centro da aprendizagem automática em Python está uma infinidade de bibliotecas e estruturas concebidas para simplificar o processo de desenvolvimento. Bibliotecas como a NumPy e a Pandas facilitam a manipulação e análise de dados, o que é crucial para lidar com os vastos conjuntos de dados típicos da aprendizagem automática. O NumPy fornece suporte para matrizes e arrays multidimensionais de grandes dimensões, juntamente com uma coleção de funções matemáticas para operar sobre estes elementos. O Pandas, por outro lado, introduz estruturas de dados e operações para manipular tabelas numéricas e séries temporais, tornando o pré-processamento de dados mais simples.

A viagem à aprendizagem automática começa com a compreensão dos tipos de algoritmos de aprendizagem: supervisionada, não supervisionada e aprendizagem por reforço. A aprendizagem supervisionada envolve o treino de um modelo num conjunto de dados rotulados, o que significa que cada exemplo de treino é emparelhado com um rótulo de saída. A classificação e a regressão são as principais tarefas da aprendizagem supervisionada, em que o objetivo é prever rótulos discretos e valores contínuos, respetivamente. Bibliotecas como a Scikit-learn fornecem uma vasta gama de ferramentas para implementar estas tarefas, oferecendo modelos pré-construídos, métricas de avaliação e utilitários de divisão de dados.

A aprendizagem não supervisionada, pelo contrário, lida com dados não rotulados, procurando descobrir padrões ocultos ou estruturas intrínsecas. Técnicas como o agrupamento, a redução da dimensionalidade e a aprendizagem de regras de associação enquadram-se nesta categoria. O Scikit-learn volta a estar na linha da frente, oferecendo algoritmos para agrupamento, análise de componentes principais (PCA) e outros métodos de aprendizagem não supervisionada.

A aprendizagem por reforço é um paradigma diferente em que um agente aprende a tomar decisões através da interação com um ambiente. Através de tentativa e erro, o agente aprende uma política que maximiza alguma noção de recompensa cumulativa. O Python suporta a aprendizagem por reforço através de bibliotecas como a Gym da OpenAI, que fornece uma interface padronizada para uma variedade de ambientes simulados.

Para implementar estes algoritmos de forma eficaz, é necessário compreender as nuances da avaliação e seleção de modelos. A validação cruzada, o sobreajuste, o subajuste e o ajuste de hiperparâmetros são conceitos críticos que garantem o desenvolvimento de modelos de aprendizagem automática robustos e precisos. As ferramentas do Scikit-learn, como o GridSearchCV e o cross_val_score, ajudam a efetuar a validação cruzada e a selecionar os parâmetros ideais do modelo.

Para além do Scikit-learn, o cenário de aprendizagem automática do Python é enriquecido por bibliotecas como o TensorFlow e o PyTorch, que facilitam a aprendizagem profunda. Estas estruturas oferecem capacidades alargadas para a construção de redes neurais complexas, com o TensorFlow a fornecer uma representação gráfica mais estática e o PyTorch a oferecer gráficos de computação dinâmicos. Ambos incluem um vasto conjunto de ferramentas para a construção, formação e inferência eficientes de modelos.

Em conclusão, dominar os conceitos básicos da aprendizagem automática em Python implica explorar o seu rico ecossistema, compreender os diferentes tipos de algoritmos de aprendizagem automática e aprender a implementar e avaliar estes modelos de forma eficiente. Com as bibliotecas e estruturas abrangentes do Python, os profissionais podem navegar pelas complexidades da aprendizagem automática e desenvolver soluções que não só são eficazes, mas também inovadoras e transformadoras.

2.2 Aprendizagem supervisionada vs não supervisionada

A aprendizagem supervisionada e não supervisionada representam dois paradigmas fundamentais no domínio da aprendizagem automática, cada um com a sua metodologia, aplicações e desafios únicos. Compreender as distinções e as implicações práticas destes paradigmas é crucial para quem se aventura no mundo da inteligência artificial, especialmente quando utiliza Python, uma linguagem conhecida pelas suas extensas bibliotecas e estruturas de aprendizagem automática.

A Aprendizagem Supervisionada engloba um método em que o modelo aprende a mapear os dados de entrada para a saída correcta utilizando dados de formação rotulados. A parte "supervisionada" do nome implica que o modelo é submetido a um processo de formação com supervisão direta, em que aprende a partir de exemplos que têm características de entrada e uma saída correcta associada. O objetivo principal é que o modelo generalize, de forma fiável, a partir dos dados de treino para situações inéditas.

As tarefas da aprendizagem supervisionada dividem-se geralmente em duas categorias: classificação e regressão. A classificação envolve a previsão de um rótulo discreto - por exemplo, determinar se um e-mail é spam ou não. A regressão, por outro lado, trata da previsão de uma quantidade contínua, como a previsão do preço de uma casa com base nas suas características. A biblioteca Scikit-learn do Python é particularmente útil neste domínio, fornecendo um vasto conjunto de ferramentas e algoritmos que se destinam a estas duas tarefas, permitindo aos profissionais implementar, testar e implementar modelos de aprendizagem supervisionada de forma eficiente.

A aprendizagem não supervisionada, por outro lado, lida com dados não rotulados. Este paradigma centra-se na descoberta de padrões, estruturas ou características ocultas inerentes aos dados de entrada. Sem a orientação de um resultado pretendido, os algoritmos não supervisionados esforçam-se por organizar os dados de alguma forma, seja através de agrupamento, associação ou redução da dimensionalidade. Os algoritmos de agrupamento, por exemplo, visam agrupar um conjunto de objetos de forma a que os objectos do mesmo grupo (ou cluster) sejam mais semelhantes entre si do que os de outros grupos. As técnicas de redução da dimensionalidade, como a PCA (Análise de Componentes Principais), são utilizadas para reduzir o número de variáveis em consideração, permitindo uma concentração nos aspectos subjacentes mais importantes dos dados.

A escolha entre aprendizagem supervisionada e não supervisionada depende em grande medida da natureza do problema em causa e do tipo de dados disponíveis. A aprendizagem supervisionada é aplicável quando os dados incluem resultados conhecidos e a tarefa é prever esses resultados para dados novos e não vistos. É amplamente utilizada em aplicações como o reconhecimento de imagens, o reconhecimento de voz e a previsão de mercados. A aprendizagem não supervisionada, por sua vez, é adequada para a análise exploratória de dados, descoberta de padrões ou situações em que os dados não vêm com rótulos predefinidos. É normalmente aplicada na segmentação de clientes, deteção de anomalias e sistemas de recomendação.

O ecossistema Python oferece um suporte robusto para ambos os paradigmas de aprendizagem. Para além do Scikit-learn, bibliotecas como o TensorFlow e o PyTorch fornecem capacidades avançadas para implementar modelos complexos adaptados a necessidades específicas, quer se trate de uma rede neural de aprendizagem profunda supervisionada ou de um algoritmo de agrupamento não supervisionado. A escolha da biblioteca depende frequentemente da familiaridade do utilizador, da complexidade da tarefa e dos recursos computacionais disponíveis.

Em resumo, a distinção entre aprendizagem supervisionada e não supervisionada reside na presença ou ausência de dados de saída rotulados para orientar o processo de aprendizagem. Ambos os paradigmas têm o seu significado e aplicações, e a escolha entre eles deve estar alinhada com os objectivos e restrições específicos do projeto de aprendizagem automática em questão. Com o conjunto de ferramentas abrangente do Python, os profissionais da aprendizagem automática podem explorar estes paradigmas extensivamente, aproveitando o poder dos seus dados para descobrir ideias ou prever tendências futuras.

2.3 Criar o seu primeiro modelo de aprendizagem automática

Construir o seu primeiro modelo de aprendizagem automática é um passo fundamental na sua viagem ao mundo da ciência de dados e da aprendizagem automática. Este guia irá guiá-lo através do processo de criação de um modelo simples de aprendizagem supervisionada utilizando Python, concentrando-se especificamente num problema de classificação. Utilizaremos a popular biblioteca Scikit-learn, conhecida pela sua interface fácil de utilizar e funcionalidade robusta.

Passo 1: Defina o seu problema

Compreender o seu problema é crucial. Para o nosso exemplo, vamos supor que estamos a trabalhar num problema de classificação binária, com o objetivo de prever se uma mensagem de correio eletrónico é spam ou não, com base em várias características, como a frequência de determinadas palavras, o comprimento da mensagem, etc.

Passo 2: Recolher e preparar os seus dados

Utilizaremos um conjunto de dados hipotético que contém características de e-mails juntamente com um rótulo que indica se um e-mail é spam (1) ou não é spam (0). Normalmente, os dados são carregados de um ficheiro CSV ou de uma base de dados, mas para demonstração, vamos simular um conjunto de dados simples utilizando a função **make_classification** do Scikit-learn.

```python
from sklearn.datasets import make_classification

importar pandas como pd


X, y = make_classification(n_samples=1000, n_features=20,
n_informative=2, n_redundant=10, random_state=42)

df = pd.DataFrame(X, columns=[f "feature_{i}" for i in range(1,
21)])

df['target'] = y
```

Passo 3: Escolher um modelo

Para uma classificação binária, a regressão logística é um bom ponto de partida. É simples, interpretável e frequentemente eficaz para dados linearmente separáveis.

```python
from sklearn.linear_model import LogisticRegression
```

```python
model = LogisticRegression()
```

Passo 4: Dividir os seus dados

Dividir o conjunto de dados em conjuntos de treino e de teste para avaliar objetivamente o desempenho do modelo.

```python
from sklearn.model_selection import train_test_split
```

```python
X_treino, X_teste, y_treino, y_teste =
train_test_split(df.drop('target', axis=1), df['target'],
test_size=0.2, random_state=42)
```

Etapa 5: Treinar o modelo

Ajustar o modelo aos dados de treino.

```python
model.fit(X_train, y_train)
```

Etapa 6: Avaliar o modelo

Avaliar o modelo utilizando o conjunto de teste. A exatidão é uma métrica comum para problemas de classificação.

```python
from sklearn.metrics import accuracy_score
```

```
previsões = model.predict(X_test)

exatidão = exactidão_pontuação(teste_y, previsões)

print(f "Precisão do modelo: {precisão}")
```

Passo 7: Afinar o modelo

Otimizar o modelo através do ajuste dos hiperparâmetros. A pesquisa
em grelha é uma abordagem comum para esta tarefa.

```
de sklearn.model_selection import GridSearchCV
```

```
parâmetros = {'penalty': ['l1', 'l2'], 'C': [0.5, 1, 2]}

clf = GridSearchCV(model, parameters, cv=5)

clf.fit(X_train, y_train)

melhor_modelo = clf.melhor_estimador_
```

Etapa 8: Prever e interpretar resultados

Fazer previsões com o modelo afinado e interpretar os resultados.

```
previsões_finais = melhor_modelo.previsão(X_ensaio)

exactidão_final = pontuação_de_exactidão(ensaio_y,
previsões_final)

print(f "Precisão final do modelo: {final_accuracy}")
```

Etapa 9: Implantar o modelo (opcional)

Quando estiver satisfeito com o desempenho do modelo, pode
considerar a sua implementação num ambiente de produção. Esta

etapa geralmente envolve salvar o modelo e integrá-lo a uma aplicação maior.

```
importar joblib
```

```
joblib.dump(best_model, 'email_spam_classifier.pkl')
```

Este ficheiro (`email_spam_classifier.pkl`) pode então ser carregado num ambiente ou aplicação diferente para fazer previsões sobre novos dados de correio eletrónico.

Ao longo deste processo, lembre-se que a construção de um modelo de aprendizagem automática é iterativa. Poderá ser necessário rever os passos anteriores com base nas suas conclusões, especialmente à medida que se familiariza com os dados e o domínio do problema. Este guia fornece uma estrutura fundamental, mas as especificidades podem variar muito, dependendo do conjunto de dados, do tipo de problema e da complexidade do modelo que pretende construir.

3.1 Recolha de dados e pré-processamento

A recolha e o pré-processamento de dados são passos críticos no fluxo de trabalho da ciência dos dados. Preparam o terreno para as fases subsequentes de análise, modelação e interpretação. Este capítulo analisa a forma como pode tirar partido do Python, uma linguagem sinónimo de ciência de dados moderna, para recolher e preparar eficazmente os seus dados para análise.

3.1.1 *Recolha de dados*

A recolha de dados é o processo de reunir informações de várias fontes para serem utilizadas na análise. A natureza do seu projeto determina as fontes a partir das quais recolhe os dados. Python oferece uma miríade de bibliotecas e ferramentas para simplificar este processo, quer os seus dados estejam armazenados em ficheiros, bases de dados ou extraídos da Web.

- **Ficheiros**: As funções integradas do Python e bibliotecas externas como o Pandas tornam simples a leitura de dados de ficheiros, incluindo CSVs, folhas de cálculo Excel e ficheiros JSON. O Pandas, com as suas funções **read_csv**(), **read_excel**() e **read_json**(), pode carregar dados em objectos DataFrame sem esforço, fornecendo uma estrutura versátil para a manipulação de dados.

```
importar pandas como pd


# Carregar um ficheiro CSV

df = pd.read_csv('path/to/your/file.csv')


# Carregar um ficheiro Excel

df = pd.read_excel('path/to/your/file.xlsx')
```

```python
# Carregar um ficheiro JSON

df = pd.read_json('path/to/your/file.json')
```

- **Bases de dados**: Para dados armazenados em bases de dados
  relacionais, a biblioteca SQLAlchemy do Python ou a função
  read_sql() do Pandas podem ser utilizadas para executar
  diretamente consultas SQL e obter dados em DataFrames.

```python
from sqlalchemy import create_engine
```

```python
engine = create_engine('sqlite:///path/to/your/database.db')
df = pd.read_sql("SELECT * FROM your_table", engine)
```

- **Raspagem da Web**: Quando os dados estão disponíveis na
  Web, bibliotecas como BeautifulSoup ou Scrapy podem extrair
  dados de ficheiros HTML e XML. Para APIs, a biblioteca de
  pedidos é normalmente utilizada para recuperar dados num
  formato estruturado, como JSON.

```python
pedidos de importação
from bs4 import BeautifulSoup
```

```python
resposta = requests.get('http://example.com/data')
soup = BeautifulSoup(response.content, 'html.parser')
```

3.1.2 *Pré-processamento de dados*

Uma vez recolhidos os dados, o pré-processamento é o passo crucial seguinte. Esta fase envolve a limpeza e a transformação dos dados em bruto num formato adequado para análise.

- **Tratamento de valores em falta**: Os dados vêm frequentemente com valores em falta ou nulos. O Pandas fornece métodos como `isnull()`, `fillna()`, `dropna()` para detetar, preencher ou eliminar esses valores.

```python
# Preencher os valores em falta com um valor especificado
df.fillna(0, inplace=True)


# Eliminar as linhas com valores em falta
df.dropna(inplace=True)
```

- **Limpeza de dados**: Este passo inclui a remoção de duplicados, a correção de erros e a modificação de formatos para garantir a consistência. As expressões regulares (através do módulo **re** do Python) são ferramentas poderosas para a limpeza e manipulação de dados de texto.

```python
# Remover duplicados
df.drop_duplicates(inplace=True)


# Substituir valores
df['column'] = df['column'].str.replace('old_string',
'new_string')
```

- **Engenharia de características**: Transformar variáveis existentes, criar novas variáveis ou codificar variáveis categóricas para numéricas são tarefas comuns na engenharia de características. O Pandas e o Scikit-learn oferecem funcionalidades alargadas para essas transformações.

```
de sklearn.preprocessing import OneHotEncoder
```

```
# Codificar uma coluna categórica

codificador = OneHotEncoder(sparse=False)

características_codificadas =
encoder.fit_transform(df[['categorical_column']])
```

- **Normalização/Padronização de dados**: Os algoritmos de aprendizado de máquina geralmente se beneficiam de dados que estão na mesma escala. Utilizar o `MinMaxScaler`, o `StandardScaler` ou o `Normalizer` do Scikit-learn pode padronizar ou normalizar os dados de forma eficaz.

```
de sklearn.preprocessing import StandardScaler
```

```
scaler = StandardScaler()

df_escalado = scaler.fit_transform(df)
```

- **Divisão de dados**: Antes da modelação, a divisão dos dados em conjuntos de treino e de teste (ou, adicionalmente, num conjunto de validação) é essencial para avaliar o desempenho do modelo. Isto garante que a avaliação é feita em dados não vistos, reflectindo a capacidade de generalização do modelo.

```
from sklearn.model_selection import train_test_split
```

```
X_treino, X_teste, y_treino, y_teste =
train_test_split(df.drop('target', axis=1), df['target'],
test_size=0.2, random_state=42)
```

As etapas de pré-processamento variam significativamente consoante a natureza dos dados e os requisitos específicos da análise ou modelação a efetuar. A versatilidade do Python e o rico ecossistema de bibliotecas centradas em dados fazem dele uma ferramenta inestimável para estas tarefas, fornecendo funcionalidades extensivas para lidar com uma vasta gama de tipos de dados e prepará-los para análises perspicazes.

3.2 Análise exploratória de dados com Python

A Análise Exploratória de Dados (AED) é um passo fundamental no fluxo de trabalho da ciência dos dados, concebido para resumir as principais características de um conjunto de dados, muitas vezes visualizando-as, para descobrir padrões, detetar anomalias, testar hipóteses e verificar pressupostos. O Python, conhecido pelo seu conjunto abrangente de ferramentas de análise de dados, proporciona um excelente ambiente para a realização de EDA. Esta secção destaca como tirar partido das capacidades do Python para explorar os seus dados de forma eficaz.

3.2.1 *Compreender os seus dados*

- **Estatísticas descritivas**: Comece com estatísticas descritivas para obter uma visão geral dos dados. O Pandas oferece funções como **describe()**, que fornece estatísticas resumidas para colunas numéricas, e **value_counts()**, que fornece contagens de frequência para dados categóricos.

```
importar pandas como pd
```

```python
df = pd.read_csv('seus_dados.csv')
print(df.describe())
print(df['categorical_column'].value_counts())
```

- **Tipos de dados e valores em falta**: Verificar os tipos de dados e identificar os valores em falta é crucial para garantir o tratamento correto dos dados e para informar as decisões de pré-processamento.

```python
print(df.dtypes)
print(df.isnull().sum())
```

Exploração visual

- **Histogramas**: Utilize histogramas para compreender a distribuição de variáveis numéricas. São úteis para detetar valores atípicos e compreender a forma da distribuição - normal, enviesada, bimodal, etc.

```python
importar matplotlib.pyplot as plt
```

```python
df['coluna_numérica'].hist(bins=50)
plt.xlabel('Valor')
plt.ylabel('Frequência')
plt.title('Histograma da coluna numérica')
plt.show()
```

- **Gráficos de caixa**: Os gráficos de caixa são excelentes para visualizar a distribuição de dados numéricos e detetar valores atípicos, mostrando os quartis, a mediana e os valores atípicos num formato compacto.

```
df.boxplot(coluna='coluna_numérica')

plt.title('Gráfico de caixa da coluna numérica')

plt.show()
```

- **Gráficos de dispersão**: Quando se pretende compreender a relação entre duas variáveis numéricas, os gráficos de dispersão são a ferramenta ideal. Podem ajudar a identificar correlações, tendências e valores atípicos entre as variáveis.

```
plt.scatter(df['coluna_numérica_1'], df['coluna_numérica_2'])

plt.xlabel('Coluna numérica 1')

plt.ylabel('Coluna numérica 2')

plt.title('Gráfico de dispersão entre duas colunas numéricas')

plt.show()
```

- **Matriz de correlação**: Uma matriz de correlação visualizada como um mapa de calor é útil para explorar as relações entre todas as variáveis numéricas simultaneamente, identificando variáveis altamente correlacionadas que podem influenciar umas às outras.

```
importar seaborn as sns


matriz_de_correlação = df.corr()
```

```python
sns.heatmap(matriz_de_correlação, annot=True, cmap='coolwarm')

plt.title('Mapa de calor da matriz de correlação')

plt.show()
```

Dados agrupados e agregados

- **GroupBy**: Utilize a funcionalidade `groupby` do Pandas para segmentar os seus dados em grupos e aplicar funções de agregação como `mean()`, `sum()` ou `count()` a cada grupo, o que é muito útil para comparar subgrupos dentro do seu conjunto de dados.

```python
dados_agrupados = df.groupby('categorical_column').mean()

print(dados_agrupados)
```

- **Tabelas dinâmicas**: As tabelas dinâmicas no Pandas podem resumir os dados num formato de folha de cálculo, o que as torna numa ferramenta poderosa para resumos rápidos e análises de dados perspicazes.

```python
pivot_table = df.pivot_table(values='numerical_column',
index='categorical_column', aggfunc='mean')

print(pivot_table)
```

Análise de séries temporais

- Se os seus dados forem de séries temporais, a sua representação gráfica pode revelar tendências, sazonalidade e padrões cíclicos. O poderoso suporte de séries temporais do Pandas permite traçar facilmente gráficos, reamostragem e cálculos de janelas.

```python
df['date_column'] = pd.to_datetime(df['date_column'])

df.set_index('date_column', inplace=True)

df['coluna_numérica'].plot()

plt.title('Gráfico de séries temporais da coluna numérica')

plt.show()
```

A Análise Exploratória de Dados em Python não é apenas um passo preliminar, mas um processo contínuo, realizado de forma iterativa para aprofundar a sua compreensão dos padrões e conhecimentos subjacentes dos dados. Aproveitando as bibliotecas Python como Pandas, Matplotlib e Seaborn, pode realizar uma EDA completa, abrindo caminho para a tomada de decisões informadas baseadas em dados e para o desenvolvimento de modelos analíticos robustos.

3.3 Visualização de dados para obter informações

A visualização de dados é um passo crucial no processo de ciência de dados, uma vez que fornece um meio para compreender intuitivamente padrões complexos, detetar valores anómalos e transmitir conhecimentos de forma eficaz. O Python, com o seu rico ecossistema de bibliotecas de visualização, oferece um conjunto de ferramentas versátil para criar uma vasta gama de gráficos e diagramas. Esta secção explora a forma de utilizar as capacidades de visualização do Python para extrair e comunicar informações dos seus dados.

3.3.1 Selecionar o tipo certo de visualização

A escolha da visualização depende da natureza dos dados e das informações que se pretende transmitir:

- **Os histogramas** são ideais para examinar a distribuição de dados numéricos, ajudando a identificar a forma da distribuição, os valores centrais e a variabilidade.

- **Os gráficos de barras** são utilizados para comparar a dimensão de diferentes grupos em dados categóricos ou para apresentar as alterações de uma métrica ao longo do tempo.

- **Os gráficos de dispersão** ajudam a explorar as relações entre duas variáveis numéricas, revelando correlações, tendências ou potenciais valores atípicos.

- **Os gráficos de linhas** são adequados para visualizar tendências ao longo do tempo, especialmente com dados de séries temporais, mostrando como um determinado ponto de dados muda.

- **Os gráficos de caixa** fornecem um resumo visual das principais estatísticas de uma distribuição, destacando os valores atípicos.

- **Os mapas de calor** são úteis para representar a magnitude dos fenómenos sob a forma de cores, sendo frequentemente utilizados para mostrar correlações ou a forma como dois itens de dados variam entre si.

3.3.2 *Implementar visualizações em Python*

As bibliotecas Matplotlib e Seaborn do Python são ferramentas poderosas para criar visualizações informativas e atractivas:

- **Utilizar o Matplotlib:**

A Matplotlib é uma biblioteca fundamental para a visualização de dados em Python, oferecendo uma grande flexibilidade para personalizar os seus gráficos.

```python
importar matplotlib.pyplot as plt


# Histograma

plt.hist(df['coluna_numérica'], bins=30, color='azul',
edgecolor='preto')

plt.title('Histograma da coluna numérica')

plt.xlabel('Valor')

plt.ylabel('Frequência')

plt.show()
```

```python
# Gráfico de dispersão

plt.scatter(df['coluna_numérica1'], df['coluna_numérica2'])

plt.title('Gráfico de dispersão de duas variáveis')

plt.xlabel('Coluna numérica 1')

plt.ylabel('Coluna numérica 2')

plt.show()
```

- **Aproveitamento da Seaborn:**

O Seaborn baseia-se no Matplotlib e fornece uma interface de alto nível para desenhar gráficos estatísticos atractivos.

```python
importar seaborn as sns
```

```python
# Gráfico de caixa

sns.boxplot(x='categorical_column', y='numerical_column',
data=df)

plt.title('Gráfico de caixa por categoria')

plt.show()
```

```python
# Mapa de calor

corr = df.corr()

sns.heatmap(corr, annot=True, cmap='coolwarm')

plt.title('Mapa de calor de correlação')

plt.show()
```

3.3.3 *Combinação de várias parcelas*

A criação de subplots permite comparar diferentes conjuntos de dados ou vistas de dados lado a lado. O Matplotlib fornece uma funcionalidade de subplot que permite a criação de vários gráficos numa única figura.

```
fig, ax = plt.subplots(1, 2, figsize=(12, 6))
```

```
ax[0].hist(df['coluna_numérica1'])
ax[0].set_title('Histograma da coluna numérica 1')
```

```
ax[1].hist(df['coluna_numérica2'])
ax[1].set_title('Histograma da coluna numérica 2')
```

```
plt.show()
```

3.3.4 *Visualizações interactivas*

Para uma exploração mais dinâmica dos dados, bibliotecas como a Plotly oferecem capacidades interactivas, permitindo aos utilizadores fazer zoom, deslocar ou passar o cursor sobre o gráfico para obter informações mais detalhadas.

```
importar plotly.express as px
```

```
fig = px.scatter(df, x='numerical_column1',
y='numerical_column2', color='category_column')
```

```python
fig.show()
```

3.3.5 *Personalizações e retoques finais*

Personalizar os seus gráficos adicionando títulos, etiquetas, legendas e ajustando as cores pode melhorar significativamente a legibilidade e a eficácia das suas visualizações. Estes aperfeiçoamentos tornam as suas visualizações mais informativas e atractivas para o seu público.

A visualização de dados com Python não só ajuda a descobrir informações, como também desempenha um papel fundamental na comunicação das conclusões a um público mais vasto, permitindo a tomada de decisões com base em dados. Com as ferramentas e técnicas certas, é possível transformar conjuntos de dados complexos em visuais claros e interpretáveis que narram a história dos dados de forma convincente.

## CHAPTER 4

Aprendizagem profunda com Python

4.1 Introdução aos conceitos de aprendizagem profunda

A aprendizagem profunda, um subconjunto da aprendizagem automática, transformou a forma como abordamos problemas complexos em vários campos, incluindo o reconhecimento de imagens, o processamento de linguagem natural e os veículos autónomos. Este capítulo apresenta os conceitos fundamentais da aprendizagem profunda, preparando o terreno para a implementação desses modelos poderosos usando Python.

4.1.1 *Compreender a aprendizagem profunda*

A aprendizagem profunda envolve o treino de redes neuronais artificiais com várias camadas para modelar padrões complexos em grandes conjuntos de dados. Estas redes, inspiradas na estrutura e função do cérebro humano, são constituídas por nós ou neurónios interligados, que processam informações e transmitem sinais a outros neurónios.

- **Neurônios e camadas**: O elemento básico de uma rede neural é o neurónio, que recebe a entrada, processa-a e transmite uma saída. Os neurónios estão organizados em camadas: a camada de entrada, as camadas ocultas e a camada de saída. As camadas ocultas são onde ocorre a maior parte do cálculo.

- **Funções de ativação**: As funções de ativação são fundamentais nas redes neuronais, introduzindo propriedades não lineares no modelo. Exemplos comuns incluem ReLU (Unidade Linear Retificada), Sigmoide e Tanh. Essas funções ajudam a rede a aprender padrões complexos, permitindo o empilhamento de várias camadas.

- **Propagação direta**: Este é o processo em que os dados de entrada são passados através da rede, camada por camada, até produzir uma saída. Cada neurónio de uma camada recebe a soma das suas entradas, aplica um peso, adiciona uma polarização e, em seguida, passa por uma função de ativação.

- **Funções de perda**: Uma função de perda avalia a qualidade com que a rede neural modela os dados fornecidos. Ela mede a diferença entre os resultados previstos e os resultados reais. As funções de perda comuns incluem o erro quadrático médio para tarefas de regressão e a perda de entropia cruzada para tarefas de classificação.

- **Retropropagação e otimização**: A retropropagação é a essência do treinamento da rede neural. Ela envolve o cálculo do gradiente da função de perda em relação a cada peso pela regra da cadeia, propagando o erro para trás através da rede. Algoritmos de otimização, como o Gradient Descent ou suas variantes (Adam, RMSprop), usam esses gradientes para atualizar os pesos na tentativa de minimizar a função de perda.

4.1.2 Porquê a aprendizagem profunda?

A aprendizagem profunda ganhou imensa popularidade devido à sua capacidade de aprender representações hierárquicas. À medida que a rede processa os dados através das suas camadas, cada camada sucessiva utiliza o resultado da camada anterior como entrada e constrói representações cada vez mais sofisticadas. Esta capacidade permite que as redes neuronais profundas lidem com dados em grande escala e de elevada dimensão, superando os modelos tradicionais de aprendizagem automática em muitas tarefas.

4.1.3 Estruturas para a aprendizagem profunda

O Python está na vanguarda da aprendizagem profunda, graças à sua sintaxe legível e ao seu ecossistema robusto de bibliotecas e estruturas. As bibliotecas Python mais proeminentes para a aprendizagem profunda incluem:

- **TensorFlow**: Desenvolvido pela Google, o TensorFlow é uma das bibliotecas mais utilizadas para a aprendizagem profunda. Oferece um ecossistema abrangente de ferramentas, bibliotecas e recursos comunitários que permitem aos investigadores desenvolver e implementar aplicações baseadas em IA.

- **Keras**: Keras é uma biblioteca de redes neurais de código aberto escrita em Python. É fácil de utilizar, modular e extensível, sendo normalmente executada sobre o TensorFlow.

Simplifica o processo de construção e treino de modelos de aprendizagem profunda com as suas API de alto nível.

- **PyTorch**: Desenvolvido pelo laboratório de investigação de IA do Facebook, o PyTorch é conhecido pela sua flexibilidade, velocidade e facilidade de utilização na investigação. Fornece duas funcionalidades de alto nível: computação tensorial com forte aceleração de GPU e redes neurais profundas construídas num sistema autograd baseado em fita.

A aprendizagem profunda transformou o panorama da inteligência artificial, tornando possível resolver problemas anteriormente considerados fora de alcance. A sua capacidade de modelar dados complexos e de elevada dimensão e de descobrir estruturas intrincadas em grandes conjuntos de dados torna-a uma ferramenta poderosa no conjunto de ferramentas do cientista de dados. As secções seguintes irão aprofundar a forma como pode implementar e tirar partido dos modelos de aprendizagem profunda utilizando Python, explorando os aspectos práticos e as aplicações inovadoras desta tecnologia transformadora.

4.2 Criar redes neurais com TensorFlow e Keras

A criação de redes neuronais tornou-se mais intuitiva com bibliotecas como o TensorFlow e o Keras. O TensorFlow, uma biblioteca de código aberto desenvolvida pela Google, é conhecido pela sua flexibilidade, ecossistema abrangente e apoio robusto da comunidade. O Keras, inicialmente uma biblioteca de redes neuronais independente, serve agora como API de alto nível do TensorFlow, tornando o desenvolvimento de redes neuronais acessível com a sua interface de fácil utilização. Esta secção guia-o através do processo de construção de redes neuronais utilizando o TensorFlow e o Keras.

4.2.1 *Configurar o ambiente*

Antes de mergulhar na construção de redes neurais, certifique-se de que tem o TensorFlow instalado no seu ambiente Python. O Keras vem integrado ao TensorFlow 2.x, fornecendo uma interface simplificada para criação e treinamento de modelos.

```
pip install tensorflow
```

4.2.2 *Começar com o Keras e o TensorFlow*

O Keras fornece uma camada de abstração que simplifica a construção de modelos de redes neurais, enquanto o TensorFlow trata do trabalho pesado em segundo plano. Eis como pode começar:

- **Importar bibliotecas**: Comece importando os módulos necessários do TensorFlow e do Keras.

```
importar tensorflow as tf

from tensorflow import keras

from tensorflow.keras import layers
```

- **Defina seu modelo**: Use o modelo `Sequential` do Keras, pois ele é perfeito para uma pilha de camadas em que cada camada tem exatamente um tensor de entrada e um tensor de saída.

```
modelo = keras.Sequential()
```

- **Adicionar camadas**: Empilhar camadas utilizando o método de **adição**. Comece com uma camada **Densa** (camada totalmente ligada), especificando o número de neurónios e a função de ativação.

```
model.add(layers.Dense(64, activation='relu',
input_shape=(num_input_features,)))

model.add(layers.Dense(32, activation='relu'))

model.add(layers.Dense(10, activation='softmax'))  # Ajustar a
contagem de neurónios para corresponder à sua saída
```

Aqui, `num_input_features` é o número de características nos seus dados de entrada. A função de ativação da camada final e a contagem de neurónios dependem da sua tarefa específica (por exemplo, `softmax` para classificação multi-classe).

- **Compilar o modelo**: Depois de conceber a arquitetura do modelo, compile o modelo para configurar o processo de aprendizagem. Aqui define-se o optimizador, a função de perda e as métricas a monitorizar.

```
model.compile(optimizador='adam',

        perda='categorical_crossentropy',

        metrics=['accuracy'])
```

Escolha o optimizador, a função de perda e as métricas que se alinham com o seu tipo de problema. Por exemplo, `categorical_crossentropy` é comum para tarefas de classificação multi-classe, enquanto `binary_crossentropy` é usado para classificação binária.

- **Prepare os seus dados**: Certifique-se de que os seus dados têm a forma correcta e estão divididos em conjuntos de treino e validação. Os dados devem ser normalizados ou padronizados para obter os melhores resultados.

- **Treinar o modelo**: Ajuste o modelo aos seus dados de treino utilizando o método de **ajuste**, especificando o número de épocas e o tamanho do lote. Os dados de validação também são passados aqui para avaliar o modelo após cada época.

```
history = model.fit(dados_treino, rótulos_treino,

        épocas=10,

        batch_size=32,
```

```
                    validation_data=(validation_data,
validation_labels))
```

- **Avaliar e prever**: Após a formação, avalie o desempenho do modelo no conjunto de teste. Também é possível usar o modelo para fazer previsões.

```
test_loss, test_acc = model.evaluate(test_data, test_labels)

print(f'Exatidão do teste: {test_acc}')


previsões = model.predict(test_data)
```

- **Afinação**: Com base no desempenho do modelo, pode decidir aperfeiçoá-lo, ajustando a arquitetura, os hiperparâmetros ou os passos de pré-processamento de dados. O refinamento iterativo é fundamental para desenvolver um modelo robusto.

4.2.3 *Utilização de callbacks*

As callbacks do Keras são ferramentas poderosas para monitorizar o seu modelo durante o treino, permitindo acções como checkpointing do modelo, paragem antecipada ou ajustes da taxa de aprendizagem:

```
callbacks = [

    keras.callbacks.ModelCheckpoint(

        filepath='model.{epoch:02d}-{val_loss:.2f}.h5',

        save_best_only=True),

    keras.callbacks.EarlyStopping(monitor='val_loss', patience=5)

]
```

```
model.fit(dados_treino, rótulos_treino,

    épocas=50,

    callbacks=callbacks,

    validation_data=(validation_data, validation_labels))
```

4.2.4 *Resumo*

O TensorFlow e o Keras simplificam o processo de criação, treinamento e implantação de redes neurais, abstraindo grande parte da complexidade e fornecendo a flexibilidade para criar modelos personalizados, se necessário. Começar com arquitecturas simples e iterar progressivamente com base no desempenho do modelo é uma abordagem prática ao desenvolvimento de modelos de aprendizagem profunda. Através deste refinamento iterativo, associado às funcionalidades robustas do TensorFlow e do Keras, é possível desenvolver modelos sofisticados que resolvem eficazmente problemas complexos.

4.3 Aplicações práticas da aprendizagem profunda

A aprendizagem profunda, um subconjunto da aprendizagem automática, tem sido fundamental para o avanço do campo da inteligência artificial, proporcionando avanços significativos em vários domínios. Esta tecnologia utiliza redes neuronais com muitas camadas (daí o termo "profunda") para analisar várias formas de dados, como imagens, som e texto. A versatilidade e a robustez dos modelos de aprendizagem profunda levaram à sua adoção generalizada em numerosas aplicações, transformando indústrias e criando oportunidades que eram anteriormente inimagináveis. Esta secção explora algumas das aplicações mais impactantes e práticas da aprendizagem profunda.

4.3.1 *Reconhecimento de imagem e vídeo*

Uma das aplicações mais proeminentes da aprendizagem profunda é no domínio da visão computacional, nomeadamente em tarefas de reconhecimento de imagem e vídeo. As redes neurais convolucionais (CNN), uma classe de redes neurais profundas, são especialmente adequadas para analisar imagens visuais. Têm sido amplamente utilizadas para:

- **Classificação de imagens**: Categorização automática de imagens em categorias predefinidas, o que é essencial para catalogar imagens, melhorar os motores de busca e várias outras aplicações.

- **Deteção e reconhecimento de objectos**: Identificação de objectos em imagens ou vídeos, crucial para aplicações como vigilância, navegação de veículos e controlo de qualidade na produção.

- **Reconhecimento facial**: Utilizado em sistemas de segurança, marketing personalizado e aplicações de marcação de fotografias, tirando partido da capacidade de aprender e reconhecer com precisão as características faciais.

4.3.2 *Processamento de linguagem natural (PNL)*

A aprendizagem profunda revolucionou a PNL, permitindo que as máquinas compreendam, interpretem e gerem linguagem humana de uma forma significativa e contextualmente relevante. As aplicações incluem:

- **Tradução de línguas**: Serviços como o Google Translate utilizam a aprendizagem profunda para fornecer traduções exactas e em tempo real em várias línguas, quebrando as barreiras linguísticas.

- **Análise de sentimento**: Analisar o feedback dos clientes, as redes sociais ou as críticas para determinar o sentimento subjacente ao texto, ajudando as empresas a compreender as opiniões e experiências dos consumidores.

- **Chatbots e assistentes virtuais**: Melhorar a capacidade de resposta e a compreensão contextual dos chatbots e dos assistentes virtuais, tornando-os mais fiáveis para o serviço ao cliente, a recuperação de informações e a interação.

4.3.3 *Veículos autónomos*

A aprendizagem profunda desempenha um papel fundamental no desenvolvimento de veículos autónomos, incluindo automóveis autónomos e drones. Estes sistemas dependem fortemente da aprendizagem profunda para:

- **Perceção visual**: Interpretação do ambiente circundante do veículo através de câmaras para reconhecer sinais de trânsito, peões e outros veículos, imitando o sistema visual humano.

- **Tomada de decisões**: Tomar decisões em tempo real com base em dados sensoriais, o que é crucial para o planeamento de percursos, a prevenção de obstáculos e o cumprimento das leis de trânsito.

4.3.4 *Cuidados de saúde*

A aplicação da aprendizagem profunda nos cuidados de saúde está a fornecer soluções transformadoras em vários sectores da indústria, incluindo:

- **Análise de imagens médicas**: Assistência aos radiologistas na análise de raios X, ressonâncias magnéticas e tomografias computorizadas para detetar doenças, anomalias ou alterações ao longo do tempo, melhorando a precisão e a eficiência do diagnóstico.

- **Descoberta de medicamentos**: Acelerar o processo de desenvolvimento de medicamentos através da previsão de interacções entre moléculas, respostas a medicamentos e potenciais efeitos secundários, reduzindo significativamente o tempo e os custos tradicionalmente necessários para o desenvolvimento de novos medicamentos.

4.3.5 *Finanças*

Os algoritmos de aprendizagem profunda estão a ser cada vez mais utilizados no sector financeiro para revolucionar as práticas tradicionais e introduzir novos serviços:

- **Negociação algorítmica**: Utilização de modelos de aprendizagem profunda para prever alterações no mercado de acções e automatizar decisões de negociação, capitalizando padrões e dados históricos para maximizar estratégias de investimento.

- **Deteção de fraude**: Identificação de padrões invulgares ou anomalias que possam indicar atividade fraudulenta, aumentando a segurança das transacções e protegendo contra perdas financeiras.

4.3.6 *Entretenimento e arte*

A aprendizagem profunda também fez incursões significativas na indústria do entretenimento e nas artes criativas, permitindo:

- **Recomendação de conteúdos**: Potenciar os motores de recomendação em plataformas como a Netflix e o Spotify, que personalizam as experiências dos utilizadores sugerindo filmes, programas de televisão ou música com base nas suas preferências e histórico de visualização.

- **Geração de arte**: Criar arte, música ou mesmo escrever histórias através de modelos generativos como as GANs (Generative Adversarial Networks), alargando os limites da criatividade e da criação automatizada de conteúdos.

Em resumo, as aplicações práticas da aprendizagem profunda são vastas e estão em constante expansão, impulsionadas pelos avanços nos algoritmos, na capacidade de computação e na disponibilidade cada vez maior de dados. Estas aplicações não só estão a melhorar as tecnologias e os serviços existentes, como também estão a abrir caminho a novas soluções inovadoras que outrora se pensava serem o reino da ficção científica. À medida que a tecnologia de aprendizagem profunda evolui, o seu potencial para transformar as indústrias e ter impacto na nossa vida quotidiana continua a crescer, anunciando uma nova era de inovação orientada para a inteligência artificial.

O Processamento de Linguagem Natural (PLN) é um domínio da inteligência artificial que permite aos computadores compreender, interpretar e produzir linguagem humana. A crescente disponibilidade de dados textuais e a procura de processamento automatizado conduziram a aplicações generalizadas de PNL, que vão desde a análise de sentimentos e chatbots até à tradução automática e sumarização. Este capítulo aborda os conceitos fundamentais da PNL e guia-o através dos passos iniciais de processamento e extração de características do texto utilizando Python.

5.1 Conceitos de PNL e bibliotecas Python

5.1.1 *Conceitos fundamentais*

- **Tokenização**: Este é o processo de dividir o texto em unidades mais pequenas, normalmente palavras ou frases. É um passo fundamental na maioria dos pipelines de NLP, permitindo que os algoritmos interpretem o texto a um nível mais granular.

- **Normalização**: Envolve a conversão de texto num formato mais uniforme. Pode incluir minúsculas, stemming (redução das palavras à sua forma de raiz) e lemmatization (redução das palavras à sua forma de base ou de dicionário).

- **Marcação de parte do discurso (POS)**: Identificar a parte do discurso para cada palavra no texto (como substantivos, verbos, adjectivos). É crucial para compreender a gramática das frases.

- **Reconhecimento de entidades nomeadas (NER)**: O processo de identificação e classificação de informações-chave (entidades) no texto em categorias predefinidas, tais como nomes de pessoas, organizações, localizações, expressões de tempo, quantidades, valores monetários, percentagens, etc.

- **Análise de dependência**: Analisar a estrutura gramatical de uma frase para estabelecer relações entre palavras "cabeça" e palavras que modificam essas cabeças.

- **Natural Language Toolkit (NLTK)**: Uma das bibliotecas mais populares para NLP, fornecendo suporte para várias tarefas, como tokenização, marcação POS, NER e análise.

```
importar nltk

nltk.download('popular') # Descarrega os conjuntos de dados e
modelos mais utilizados
```

- **spaCy**: Uma biblioteca moderna, rápida e robusta para tarefas avançadas de PNL, conhecida pela sua eficiência e facilidade de utilização. O spaCy vem com modelos estatísticos pré-treinados e vectores de palavras.

```
importar spacy

nlp = spacy.load('en_core_web_sm') # Carrega o modelo inglês
```

- **TextBlob**: Uma biblioteca construída sobre o NLTK e o Pattern, que oferece uma API simples para tarefas comuns de PNL, ideal para principiantes devido à sua facilidade de utilização e simplicidade.
- **Gensim**: centrado na modelação de tópicos e na similaridade de documentos, é amplamente utilizado para tarefas como a construção de word embeddings ou o resumo de documentos.

5.2 Pré-processamento e limpeza de texto

O pré-processamento de texto é uma etapa crítica que ajuda a transformar o texto em bruto num formato adequado para análise. Os passos podem variar significativamente consoante a aplicação, mas normalmente incluem:

- **Remoção de ruído**: Isto pode envolver a eliminação de caracteres especiais, números irrelevantes ou etiquetas HTML ao lidar com dados da Web.

- **Minúsculas**: Conversão de todos os caracteres em minúsculas para garantir a uniformidade, especialmente para efeitos de comparação.

- **Tokenização**: Segmentação de texto em palavras, frases, símbolos ou outros elementos significativos chamados tokens.

- **Remoção de palavras de paragem**: Filtragem de palavras comuns que provavelmente não têm muito significado, como "a", "o", "é", etc.

- **Estemização/Lemmatização**: Redução das palavras à sua forma básica ou raiz. A lematização é geralmente preferida à stemização, uma vez que produz palavras mais significativas.

```python
from nltk.corpus import stopwords

from nltk.stem import WordNetLemmatizer

from nltk.tokenize import word_tokenize


# Exemplo de pré-processamento de texto

text = "A rápida raposa castanha salta sobre o cão preguiçoso".

tokens = word_tokenize(text.lower())

tokens = [WordNetLemmatizer().lemmatize(token) for token in
tokens if token not in stopwords.words('english')]
```

5.3 Extração de características do texto

A extração de características é essencial para transformar dados textuais num formato numérico, de modo a que os algoritmos de aprendizagem automática os possam compreender e processar. Esta secção continua a explorar os métodos utilizados para converter texto em características significativas.

- **Saco de palavras (BoW)**: Representa dados de texto através da contagem da ocorrência de palavras num documento. Envolve a criação de um vocabulário de palavras únicas e a medição da presença dessas palavras em cada documento.

- **TF-IDF (Term Frequency-Inverse Document Frequency)**: Reflecte a importância de uma palavra para um documento numa coleção. Aumenta proporcionalmente ao número de vezes que uma palavra aparece no documento, mas é compensada pela frequência da palavra no corpus.

- **Embeddings de palavras:**

  Os word embeddings são uma forma de converter palavras num espaço vetorial de elevada dimensão, em que os vectores captam significados semânticos com base no seu contexto no corpus. Os modelos pré-treinados mais populares incluem:

  - **Word2Vec**: Este modelo aprende associações de palavras a partir de um grande corpus de texto, prevendo as palavras circundantes numa frase. É conhecido por captar relações semânticas e tem sido amplamente utilizado em várias tarefas de PNL.

  - **GloVe (Global Vectors for Word Representation)**: É um algoritmo de aprendizagem não supervisionada desenvolvido por Stanford para obter representações vectoriais de palavras através da agregação de estatísticas globais de coocorrência palavra-palavra a partir de um corpus.

  - **FastText**: Semelhante ao Word2Vec, mas com a capacidade adicional de representar subpalavras, o que o torna eficaz para lidar com palavras fora do vocabulário, dada a sua capacidade de dividir as palavras em n-gramas mais pequenos.

Pode utilizar estes embeddings diretamente ou ajustá-los de acordo com a sua tarefa específica. Eis como pode carregar os embeddings Word2Vec pré-treinados:

```
from gensim.models import KeyedVectors
```

```
# Carregar vectores diretamente do ficheiro

word_vectors =
KeyedVectors.load_word2vec_format('path/to/word2vec.bin.gz',
binary=True)
```

5.3.1 *Criação de características a partir de embeddings:*

Assim que tiver as palavras incorporadas, pode criar vectores de características para os seus documentos. Uma abordagem comum é calcular a média dos vectores de palavras para todas as palavras de um documento, criando assim um vetor de comprimento fixo para cada documento, independentemente do seu comprimento:

importar numpy as np

```
def document_vector(doc):

    # remover palavras fora do vocabulário

    doc = [word for word in doc if word in word_vectors.vocab]

    return np.mean(vectores_de_palavra[doc], eixo=0)
```

```
doc_vector = document_vector(preprocessed_document)
```

Note que esta é uma abordagem simplificada. Na prática, poderá ser necessário ponderar os vectores de palavras de forma diferente (por exemplo, utilizando pontuações TF-IDF) para ter em conta a importância de cada palavra.

5.3.2 *Escolher a técnica correcta de extração de características*

A escolha da técnica de extração de características depende frequentemente da tarefa específica de PLN e da natureza dos dados:

- Utilizar **BoW ou TF-IDF** quando a presença e as frequências das palavras são cruciais e o conjunto de dados não é demasiado grande, ou quando a interpretabilidade é importante.

- Opte por **word embeddings** quando o seu conjunto de dados for grande e o significado semântico das palavras for importante para a sua tarefa, ou quando estiver a lidar com problemas complexos de PNL, como a análise de sentimentos, o reconhecimento de entidades nomeadas ou a tradução automática.

Em conclusão, a extração eficaz de características é fundamental para transformar texto em bruto em informações accionáveis. O rico ecossistema de bibliotecas do Python fornece um kit de ferramentas abrangente para PNL, permitindo-lhe pré-processar texto, extrair características significativas e desenvolver modelos sofisticados de PNL. Quer esteja a analisar sentimentos, a categorizar documentos ou a criar um chatbot, as metodologias discutidas neste capítulo constituem a base das suas aplicações de PNL, permitindo-lhe aproveitar todo o potencial dos dados textuais.

A classificação de textos e a análise de sentimentos são tarefas essenciais da PNL que envolvem a categorização de textos em categorias predefinidas e a análise de informações subjectivas no texto, respetivamente. Estas tarefas são fundamentais em várias aplicações, desde a deteção de spam em e-mails até à análise do sentimento do mercado. Este capítulo analisa as metodologias de implementação de modelos de classificação de texto, conduzindo a análise de sentimentos com Python, e explora as suas aplicações no mundo real.

6.1 Implementação de modelos de classificação de texto

A classificação de textos envolve a atribuição de categorias a dados de texto de acordo com o seu conteúdo. O processo é fundamental para organizar, compreender e utilizar o texto de forma automatizada. Eis como pode implementar um modelo de classificação de texto:

6.1.1 *Preparar o conjunto de dados*

Antes de treinar um modelo, é necessário preparar os dados de texto:

1. **Recolha de dados**: Reunir um conjunto de dados etiquetados em que cada amostra de texto está associada a uma categoria.

2. **Pré-processamento de texto**: Limpe e pré-processe os seus dados através de tokenização, remoção de stopwords e normalização.

3. **Extração de características**: Transforme o seu texto num formato numérico (por exemplo, TF-IDF, word embeddings) com o qual os algoritmos de aprendizagem automática podem trabalhar.

6.1.2 *Construir o modelo*

Pode utilizar vários algoritmos de aprendizagem automática ou de aprendizagem profunda para a classificação de textos:

- **Abordagens de aprendizagem automática**: Algoritmos como Naive Bayes, Support Vetor Machines (SVM) ou Random

Forests são normalmente utilizados. Requerem menos recursos computacionais e podem ser muito eficazes, especialmente com vectores TF-IDF.

```python
from sklearn.feature_extraction.text import TfidfVectorizer

from sklearn.naive_bayes import MultinomialNB

de sklearn.pipeline import make_pipeline


model = make_pipeline(TfidfVectorizer(), MultinomialNB())

model.fit(textos_do_treino, rótulos_do_treino)
```

- **Abordagens de aprendizagem profunda**: As redes neuronais, em particular as que utilizam word embeddings ou modelos linguísticos pré-treinados como o BERT, podem alcançar resultados de ponta em tarefas de classificação de texto.

```python
importar tensorflow as tf

from tensorflow.keras.models import Sequential

de tensorflow.keras.layers importar Dense, Embedding, GlobalAveragePooling1D


modelo = Sequencial()

model.add(Embedding(input_dim=vocab_size,
output_dim=embedding_dim))

model.add(GlobalAveragePooling1D())

model.add(Dense(1, activation='sigmoid'))
```

```
model.compile(optimizador='adam', perda='binary_crossentropy',
métricas=['precisão'])

model.fit(dados_treino, etiquetas_treino, épocas=num_épocas,
dados_de_validação=(dados_val, etiquetas_val))
```

6.1.3 *Avaliação do modelo*

Avalie o seu modelo utilizando métricas apropriadas (como exatidão, precisão, recuperação, pontuação F1) para garantir que o seu desempenho é satisfatório e que generaliza bem para dados não vistos.

6.2 Análise de sentimentos com Python

A análise de sentimentos é o processo de identificar e categorizar computacionalmente as opiniões expressas num texto. Eis como efetuar a análise de sentimentos com Python:

- **Utilizar bibliotecas pré-construídas**: Bibliotecas como a TextBlob ou a VADER estão equipadas com modelos de análise de sentimentos pré-treinados, o que as torna prontas para serem usadas imediatamente.

```
from textblob import TextBlob


text = "TextBlob é incrivelmente simples de utilizar. Que grande
diversão!"

testemunho = TextBlob(texto)

print(testimonial.sentiment)
```

- **Criar analisadores de sentimentos personalizados**: Para tarefas específicas de um domínio, poderá ser necessário treinar o seu modelo de análise de sentimentos utilizando dados de sentimentos etiquetados.

- Pré-processe e vectorize os seus dados de texto.

- Escolha um modelo (como regressão logística, LSTM ou BERT) e treine-o no seu conjunto de dados rotulado.

- Avaliar o desempenho do modelo e afinar se necessário.

6.3 Aplicações reais da classificação de textos

A classificação de textos serve uma multiplicidade de aplicações em vários sectores:

- **Deteção de spam**: Classificação dos e-mails em categorias de spam e não-spam, ajudando os serviços de e-mail a filtrar eficazmente as mensagens indesejadas.

- **Categorização de tópicos**: Atribuição de tópicos ou categorias a artigos de notícias ou conteúdos, facilitando a descoberta e organização de conteúdos.

- **Deteção de idioma**: Deteção automática do idioma do texto, crucial para aplicações multilingues e moderação de conteúdos.

- **Análise de sentimento**: Frequentemente utilizada no feedback dos clientes para categorizar as opiniões em positivas, negativas ou neutras, permitindo às empresas compreender o sentimento dos clientes em relação aos seus produtos ou serviços.

Em conclusão, a classificação de texto e a análise de sentimentos são fundamentais para extrair informações significativas dos dados de texto. Com o avanço das técnicas de aprendizagem automática e PNL, juntamente com as extensas bibliotecas do Python, estas tarefas estão mais acessíveis e poderosas do que nunca, fornecendo uma visão profunda dos dados textuais em vários contextos. Quer se trate de filtrar spam, organizar conteúdos ou avaliar o sentimento do público, estas tecnologias oferecem vantagens significativas tanto às empresas como aos consumidores, conduzindo a melhores decisões e melhorando as experiências dos utilizadores.

6.4 Apêndice A: Bibliotecas Python adicionais para IA e PNL

Para além das bibliotecas habitualmente utilizadas, como TensorFlow, PyTorch, NLTK e spaCy, o ecossistema Python oferece uma grande variedade de bibliotecas para IA e PNL, que satisfazem várias necessidades e níveis de especialização. Aqui estão algumas dignas de nota:

- **Scikit-learn**: Uma biblioteca versátil que oferece ferramentas simples e eficientes para extração e análise de dados, baseada em NumPy, SciPy e matplotlib. É conhecida pela sua API compreensível e é amplamente utilizada para tarefas de aprendizagem automática.

- **Transformadores de rostos de abraços**: Fornece milhares de modelos pré-treinados para executar tarefas em textos, como classificação, extração de informações, resposta a perguntas, resumo, tradução e muito mais. É altamente versátil e suporta vários modelos de aprendizagem profunda, principalmente focados em transformadores.

- **Gensim**: Particularmente forte na modelação de tópicos e na deteção de semelhanças, o Gensim foi concebido para lidar com grandes colecções de texto utilizando streaming de dados e algoritmos online incrementais, o que garante eficiência e escalabilidade.

- **AllenNLP**: Construído com base no PyTorch, foi concebido para a investigação em PNL e fornece interfaces simples para tarefas comuns de PNL e uma arquitetura modular e extensível.

- **Flair**: Uma estrutura simples para NLP de ponta, desenvolvida pela Zalando Research. Oferece uma gama de modelos pré-treinados para tarefas como o reconhecimento de entidades nomeadas, marcação de parte do discurso e classificação.

- **Padrão**: Um módulo de extração da Web para Python, que oferece ferramentas para PNL e aprendizagem automática, análise de redes e visualização.

6.5 Apêndice B: Leituras e recursos adicionais

Para aprofundar os seus conhecimentos e manter-se atualizado com os
últimos avanços em IA e PNL, considere explorar os seguintes
recursos:

- **Livros**:
    - "Deep Learning" de Ian Goodfellow, Yoshua Bengio e
      Aaron Courville: Um livro abrangente sobre
      aprendizagem profunda.
    - "Natural Language Processing in Action" por Hobson
      Lane, Cole Howard e Hannes Hapke: Um guia prático
      para implementar técnicas de PNL usando Python.
    - "Speech and Language Processing", de Dan Jurafsky e
      James H. Martin: Uma visão geral da linguística
      computacional e do reconhecimento do discurso.
- **Cursos online**:
    - O Coursera oferece cursos especializados em
      aprendizagem profunda e PNL de universidades e
      instituições como a Universidade de Stanford e
      deeplearning.ai.
    - A Udemy e a edX também disponibilizam vários cursos,
      desde os níveis introdutórios aos avançados, que
      abrangem diferentes aspectos da IA e da PNL.
- **Artigos de investigação e revistas**:
    - Mantenha-se atualizado com a investigação mais recente
      seguindo revistas como o Journal of Machine Learning
      Research, Neural Information Processing Systems
      (NeurIPS) e a International Conference on Learning
      Representations (ICLR).
- **Comunidades e blogues em linha**:
    - Participe em comunidades em plataformas como o Stack
      Overflow, o r/MachineLearning do Reddit e o GitHub

para obter os projectos, discussões e colaborações mais recentes.

- Siga os blogues e boletins informativos sobre IA e PNL, como o Distill, o blogue de Andrej Karpathy ou o boletim informativo de Sebastian Ruder, para se manter informado sobre as tendências do sector, as perspectivas de investigação e os guias práticos.

6.6 Apêndice C: Desafios e concursos no domínio da IA e da PNL

Participar em desafios e concursos pode ser uma excelente forma de aperfeiçoar as suas competências, resolver problemas do mundo real e estabelecer contactos com a comunidade. Algumas plataformas onde pode encontrar concursos de IA e PNL incluem:

- **Kaggle**: Oferece uma variedade de competições, muitas das quais envolvem tarefas de PNL. É uma excelente plataforma para aplicar as suas competências, aprender com os outros e até ganhar prémios.

- **AIcrowd**: Acolhe desafios de IA em vários domínios, incluindo a PNL, proporcionando oportunidades de se envolver em problemas do mundo real.

- **Drivendata**: Centra-se em problemas de interesse social, organizando frequentemente concursos que envolvem tarefas de PNL para promover um impacto social positivo através da ciência dos dados.

- **Concursos Codalab**: Uma plataforma onde investigadores, programadores e cientistas de dados podem criar, participar e competir em desafios para fazer avançar a IA e a aprendizagem automática.

Estes apêndices fornecem uma base e recursos para continuar a explorar e aprofundar os seus conhecimentos em IA e PNL, mantendo-se atualizado com as mais recentes ferramentas, tendências e ideias da comunidade. Quer se trate de um principiante ou de um profissional experiente, a aprendizagem contínua e o envolvimento prático são fundamentais para avançar neste domínio em rápida evolução.

Glossário

Este glossário fornece definições para termos-chave relacionados com os domínios da Inteligência Artificial (IA) e do Processamento de Linguagem Natural (PNL), oferecendo uma referência rápida a conceitos e tecnologias fundamentais.

- **Inteligência Artificial (IA)**: A simulação de processos de inteligência humana por máquinas, especialmente sistemas informáticos. Estes processos incluem a aprendizagem, o raciocínio e a auto-correção.

- **Aprendizagem automática (ML)**: Um subconjunto da IA que envolve o desenvolvimento de algoritmos que podem aprender e fazer previsões ou tomar decisões com base em dados. A aprendizagem automática permite que os computadores realizem tarefas sem serem explicitamente programados para o fazer.

- **Processamento de linguagem natural (PNL)**: Um ramo da IA que ajuda os computadores a compreender, interpretar e manipular a linguagem humana. A PNL faz a ponte entre a comunicação humana e a compreensão informática.

- **Aprendizagem profunda**: Um subconjunto da aprendizagem automática que envolve redes neurais com três ou mais camadas. Estas redes neurais tentam simular o comportamento do cérebro humano - embora longe de corresponder à sua capacidade - permitindo-lhe aprender com grandes quantidades de dados.

- **Rede neural**: Uma série de algoritmos que se esforça por reconhecer relações subjacentes num conjunto de dados através de um processo que imita a forma como o cérebro humano funciona.

- **Rede Neural Convolucional (CNN)**: Uma classe de redes neurais profundas, mais comummente aplicada à análise de imagens visuais. São conhecidas pela sua capacidade de detetar padrões e características nas imagens.

- **Rede neural recorrente (RNN)**: Um tipo de rede neural em que as ligações entre nós formam um gráfico direcionado ao longo de uma sequência temporal. Isto permite-lhe apresentar um comportamento dinâmico temporal, tornando-a adequada a tarefas como o reconhecimento de escrita manual ou de voz não segmentado e ligado.

- **Transformadores**: Um tipo de arquitetura de rede neural que se tornou a espinha dorsal da maioria das tecnologias modernas de PNL. Os transformadores são concebidos para tratar dados sequenciais, mas, ao contrário das RNNs, não exigem que os dados sejam processados por ordem. Isso permite maior paralelização e eficiência no treinamento de modelos grandes.

- **Tokenização**: O processo de conversão de uma sequência de caracteres numa sequência de tokens (palavras, símbolos ou outros elementos) para facilitar a interpretação ou o processamento em PNL.

- **Lemmatização**: O processo de reduzir diferentes formas de uma palavra à sua raiz principal ou lema, que tem um significado de dicionário.

- **Stemming**: Uma técnica de normalização de texto utilizada para reduzir as palavras à sua forma de raiz ou caule de base, mesmo que o caule em si não seja uma palavra válida na língua.

- **Saco de palavras (BoW)**: Um método comum em NLP para extrair características do texto. O texto é representado como o saco (multiset) das suas palavras, ignorando a gramática e até a ordem das palavras, mas mantendo a multiplicidade.

- **Frequência de termos - Frequência inversa de documentos (TF-IDF)**: Uma estatística numérica destinada a refletir a importância de uma palavra para um documento numa coleção ou corpus. É frequentemente utilizada como um fator de ponderação na recuperação de informação e na extração de texto.

- **Embeddings de palavras**: Uma técnica em PNL em que as palavras ou frases do vocabulário são mapeadas para vectores de números reais, captando as relações semânticas entre elas.

- **Análise de sentimentos**: A utilização de PNL, análise de texto e linguística computacional para identificar e extrair informações subjectivas de materiais de origem. Determina a atitude ou a emoção do autor ou do orador.

- **Reconhecimento de entidades nomeadas (NER)**: Um processo em PNL que identifica e classifica entidades nomeadas mencionadas em texto não estruturado em categorias predefinidas, tais como nomes de pessoas, organizações, localizações, expressões de tempos, quantidades, valores monetários, percentagens, etc.

A compreensão destes termos proporciona uma base sólida para explorar os domínios da IA e da PNL, ajudando-o a navegar pelos aspectos técnicos e pelas inovações nestas áreas de estudo e aplicação em rápida evolução.

ReferênciasTopo

1. Russell, S., & Norvig, P. (2020). *Inteligência Artificial: Uma Abordagem Moderna* (4ª ed.). Pearson. Um livro abrangente que fornece uma visão geral de todos os conceitos-chave em IA.

2. Goodfellow, I., Bengio, Y., & Courville, A. (2016). *Aprendizagem profunda.* MIT Press. Um livro seminal que oferece uma cobertura aprofundada das metodologias de aprendizagem profunda.

3. Jurafsky, D., & Martin, J. H. (2022). *Processamento da fala e da linguagem* (3ª ed.). Capítulos preliminares disponíveis em linha. Um guia pormenorizado do processamento de linguagem natural, que abrange abordagens tradicionais e modernas.

4. Lantz, B. (2021). *Machine Learning with Python for Everyone.* Addison-Wesley. Uma introdução acessível à aprendizagem automática, com ênfase nas aplicações práticas.

5. Manning, C. D., & Schütze, H. (1999). *Foundations of Statistical Natural Language Processing (Fundamentos do processamento estatístico da linguagem natural).* MIT Press. Um texto fundamental para compreender os métodos estatísticos em PNL.

6. Chollet, F. (2021). *Aprendizagem profunda com Python* (2ª ed.). Publicações Manning. Um guia prático para aprendizagem profunda usando Python e Keras.

7. Hutter, M., Kotthoff, L., & Vanschoren, J. (Eds.). (2019). *Aprendizagem automática de máquinas: Methods, Systems, Challenges.* Springer. Uma exploração da aprendizagem automática de máquinas, dos seus métodos e do seu futuro.

8. Mikolov, T., Chen, K., Corrado, G., & Dean, J. (2013). *Estimativa eficiente de representações de palavras no espaço vetorial.* arXiv preprint arXiv: 1301.3781. Um artigo fundamental sobre a técnica de incorporação de palavras Word2Vec.

9. Pennington, J., Socher, R., & Manning, C. D. (2014). *GloVe: Vectores globais para representação de palavras.* Actas da Conferência de 2014 sobre Métodos Empíricos no Processamento de Linguagem Natural (EMNLP). Um estudo

influente que introduz o modelo de incorporação de palavras GloVe.

10. Vaswani, A., et al. (2017). *Atenção é tudo o que você precisa.* Avanços nos sistemas de processamento de informações neurais. O artigo seminal que introduziu o modelo Transformer, que revolucionou a PNL.

11. Bird, S., Klein, E., & Loper, E. (2009). *Processamento de linguagem natural com Python: Analyzing Text with the Natural Language Toolkit.* O'Reilly Media. Uma introdução prática à PNL usando a biblioteca NLTK.

12. Bengfort, B., Bilbro, R., & Ojeda, T. (2018). *Análise de texto aplicada com Python: Habilitando produtos de dados com reconhecimento de idioma com aprendizado de máquina.* O'Reilly Media. Um guia para criar modelos de aprendizagem automática para análise de texto.

13. Hovy, D., & Spruit, S. L. (2016). *O impacto social do processamento de linguagem natural.* Actas da 54.ª Reunião Anual da Associação para a Linguística Computacional (Volume 2: Short Papers). Uma discussão sobre as implicações sociais dos avanços na PNL.

14. Bostrom, N. (2016). *Superinteligência: Paths, Dangers, Strategies [Caminhos, perigos e estratégias].* Oxford University Press. Uma análise crítica das perspectivas futuras e das considerações éticas da superinteligência da IA.

15. Domingos, P. (2018). *The Master Algorithm: How the Quest for the Ultimate Learning Machine Will Remake Our World.* Basic Books. Uma exploração da aprendizagem automática e do conceito de um algoritmo de aprendizagem universal.

16. Hastie, T., Tibshirani, R., & Friedman, J. (2009). *The Elements of Statistical Learning: Data Mining, Inference, and Prediction* (2ª ed.). Springer. Uma panorâmica pormenorizada dos métodos estatísticos para a aprendizagem automática.

17. Brown, T. B., et al. (2020). *Modelos de linguagem são aprendizes de poucos tiros.* Advances in Neural Information Processing Systems [Avanços nos sistemas de processamento de informações neurais]. Um artigo importante sobre as

capacidades dos modelos de linguagem em grande escala, como o GPT-3.

18.LeCun, Y., Bengio, Y., & Hinton, G. (2015). *Aprendizagem profunda*. Nature, 521(7553), 436-444. Uma panorâmica abrangente da aprendizagem profunda no contexto do domínio mais vasto da IA.

19.Sutskever, I., Vinyals, O., & Le, Q. V. (2014). *Aprendizagem de sequência a sequência com redes neurais*. Avanços em sistemas de processamento de informações neurais. Um trabalho fundamental sobre a utilização de

I want morebooks!

Buy your books fast and straightforward online - at one of world's fastest growing online book stores! Environmentally sound due to Print-on-Demand technologies.

Buy your books online at
www.morebooks.shop

Compre os seus livros mais rápido e diretamente na internet, em uma das livrarias on-line com o maior crescimento no mundo! Produção que protege o meio ambiente através das tecnologias de impressão sob demanda.

Compre os seus livros on-line em
www.morebooks.shop

Printed by Books on Demand GmbH, Norderstedt / Germany